哇哦，我抓到你了

动物极限感觉

【美】凯瑟琳·莱/著

【美】克里斯蒂娜·沃尔德/绘

蒙祺祺/译

少年儿童出版社

目 录

神奇的感觉

　　动物要想填饱肚子，就需要调动自己的感觉。许多动物拥有强大的触觉、味觉、嗅觉、听觉和视觉。还有一些动物天生具有与众不同、非比寻常的神奇感觉，能帮助它们抓住猎物。

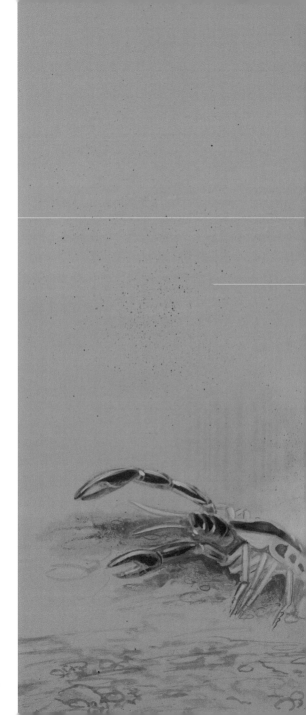

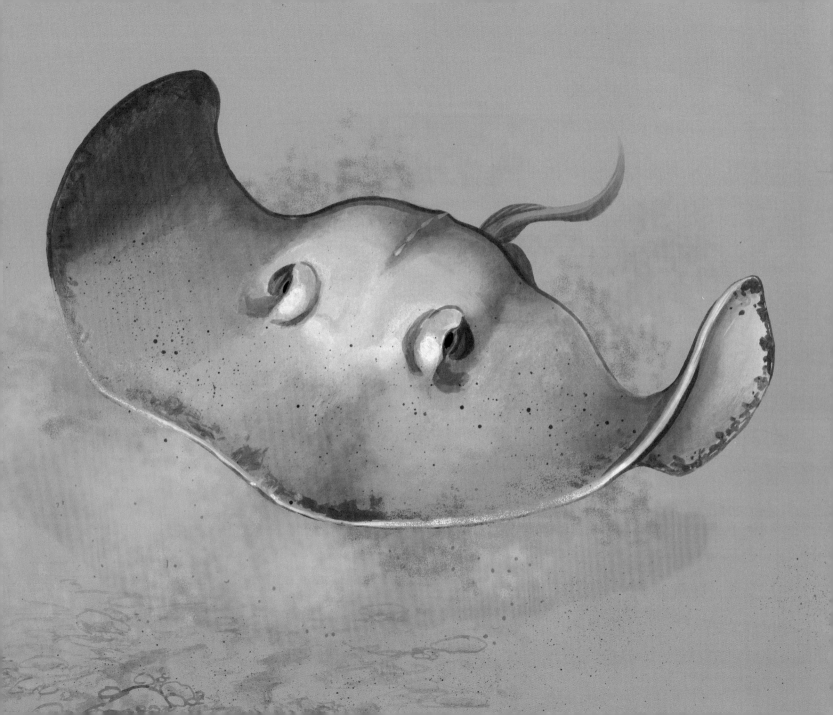

回声定位

　　即使身处黑暗之中，蝙蝠仍能依靠一种名叫"回声定位"的本领找到方向。它们也可以用这个办法锁定它们的猎物。回声定位就是利用声波来测定距离或者侦测看不见的物体。

　　首先，蝙蝠会从嘴巴或鼻子中发出声波。随后，声波不断地向外传播，直到撞上某个物体。接下来，蝙蝠就会接收到被反弹回来的回声。利用这波回声，蝙蝠就能确定物体的位置、尺寸、形状和质地啦。

当你在漆黑的厨房里哇哇大叫时，你能感受到被冰箱反弹回来的声音吗？

我的地盘
我做主

  在光背电鳗娇小的身体四周，围绕着一个微弱的电场。有了它，任何猎物都无法逃脱光背电鳗的感知。捕猎时，它能保持任一角度游动。这样一来，一切都尽在光背电鳗的掌握之中。

无论是极速前进还是猛然后退，光背电鳗都游刃有余。一旦光背电鳗发现猎物的踪迹，肚子底下的鱼鳍能够帮助它完成急刹车和突然变向等高难度动作。想要逃脱它的追赶，难！

你有过不得不快速前进或后退，才能得到食物的经历吗？你有没有什么了不起的感觉？

感受猎物的心跳

大白鲨拥有八种感觉，除了视觉、嗅觉、触觉、味觉、听觉、感测水温和水压外，它的第八种感觉是探测鱼类心脏中的电荷。即使离得很远，大白鲨也能感受到猎物的心跳。

假设你是一头正在捕猎的大白鲨，你能探测身体周围的电荷吗？

水的压力我知道

　　得克萨斯鳃盲螈正在洞穴的底部寻找食物。当它把脑袋从一边转向另一边时，被扰动的水流会在猎物周围制造出压力波。这种波动能帮助得克萨斯鳃盲螈收获一顿美味大餐。

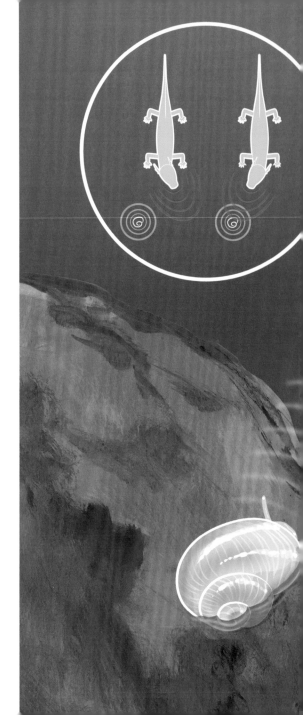

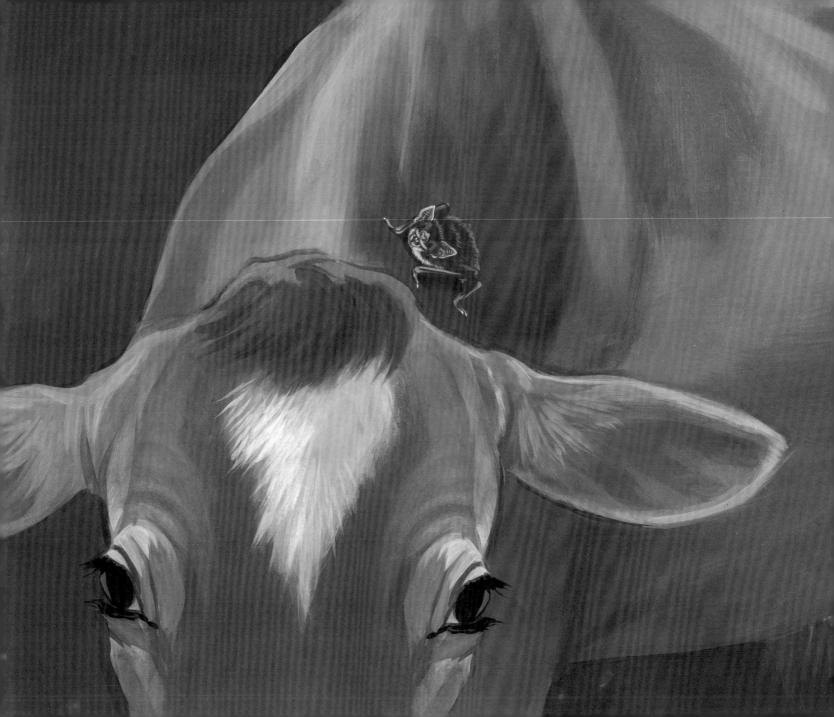

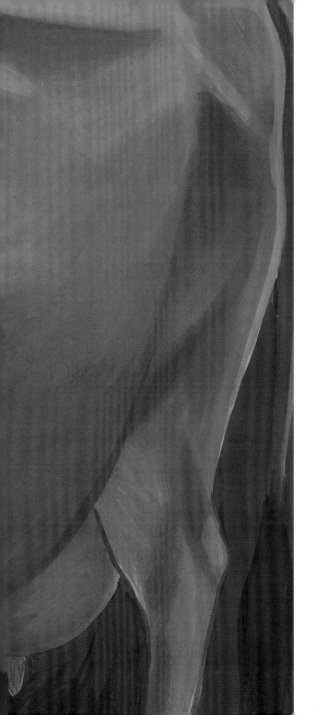

记忆中的猎物

吸血蝙蝠能记住每个〝受害者〞呼吸的声音。当它饿肚子时，强大的记忆力能使它循着声音找到曾经的猎物。

人类能通过声音来辨认彼此，吸血蝙蝠也有类似的能力来辨别各自不同的声音。

吸血蝙蝠还能通过感测热量来搜寻猎物。在它们鼻子和嘴唇的周围有一些特殊的器官，这就是吸血蝙蝠感知热量并且追踪猎物的法宝。

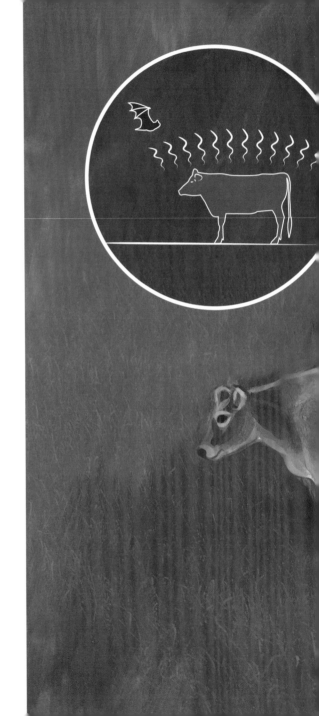

用嘴巴来感受

马拉维湖慈鲷正在水底的泥沙上方徘徊，因为它用嘴巴探测到沙土下面有猎物。对马拉维湖慈鲷而言，它的下巴就好像一台声呐传感器。

当马拉维湖慈鲷发现猎物时，它的嘴巴就会像箭一般扎入沙土中，猎物只得乖乖落入它的口中，而多余的沙子则被鱼鳃筛了出去。

鼻子上的触须

　　星鼻鼹主要生活在加拿大和美国北部。它有一个光秃秃的鼻子，就好像一颗独特的"星星"，这颗"星星"是由22根既粉嫩又肉嘟嘟的触须组成的。这些触须对触觉和电脉冲非常敏感。

星鼻鼹从不依靠视觉发现猎物，因为极为敏感的触须最多只要半秒钟就能辨识出猎物。昆虫、甲壳类动物和蚯蚓都是星鼻鼹的最爱。

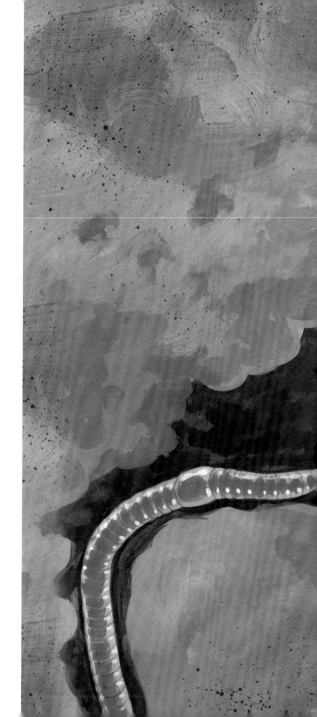

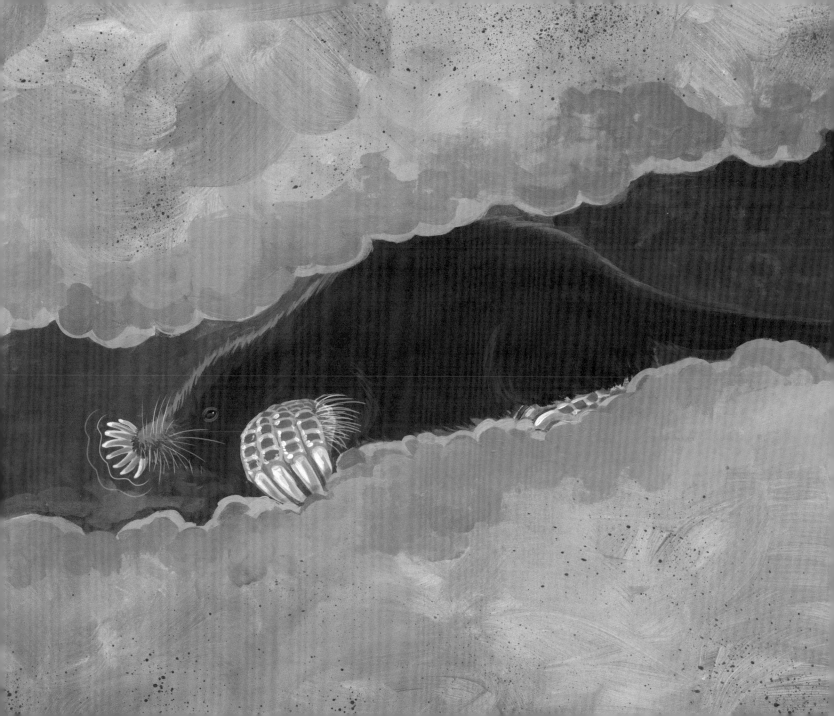

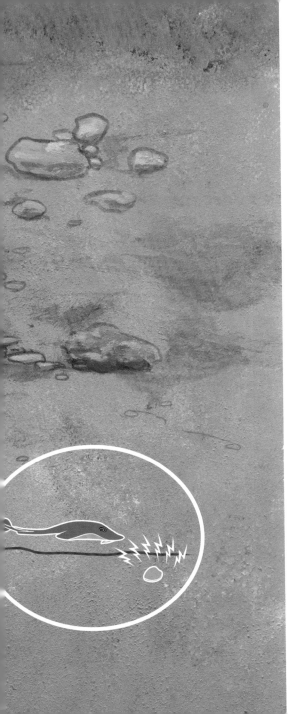

被猎物"电"到了

　　敏感的刺魟能够捕捉到猎物体内的电流。利用这种神奇的感知，即使是隐藏在海底沙砾下的猎物，也难逃它的法眼。

令人惊叹的感觉

即使没有视觉、嗅觉或者听觉，许多掠食者仍然能够找到食物。听，你的胃已经在咕咕叫了哟，你是不是也饿了呀？

图书在版编目(CIP)数据

哇哦，我抓到你了 /（美）凯瑟琳·莱著；（美）克里斯蒂娜·沃尔德绘；蒙祺祺译. —上海：少年儿童出版社，2017.1
（动物极限感觉）
ISBN 978-7-5589-0012-9

Ⅰ.①哇… Ⅱ.①凯… ②克… ③蒙… Ⅲ.①动物—少儿读物 Ⅳ.①Q95-49
中国版本图书馆CIP数据核字（2016）第235998号

著作权合同登记号　图字：09-2016-376 号
Original title: Extreme Senses: Animals with Unusual Senses for Hunting Prey
Copyright © 2013 by Abdo Consulting Group, Inc.
First published by Published by Magic Wagon, a division of the ABDO Group
www.abdopublishing.com
All rights reserved.
The simplified Chinese translation rights arranged through Rightol Media
（本书中文简体字版权经由锐拓传媒取得，Email:copyright@rightol.com）

动物极限感觉·哇哦，我抓到你了

［美］凯瑟琳·莱 著
［美］克里斯蒂娜·沃尔德 绘
蒙祺祺 译

责任编辑 岑建强　美术编辑 陈艳萍
责任校对 陶立新　技术编辑 陆　赟

出版 上海世纪出版股份有限公司少年儿童出版社
地址 200052 上海延安西路1538号
发行 上海世纪出版股份有限公司发行中心
地址 200001 上海福建中路193号
易文网 www.ewen.co 少儿网 www.jcph.com
电子邮件 postmaster@jcph.com

印刷 上海新艺印刷有限公司
开本 787×1092　1/16　印张 2
2017年1月第1版第1次印刷
ISBN 978-7-5589-0012-9 / N·1032
定价 15.00元

版权所有　侵权必究
如发生质量问题，读者可向工厂调换